BEI GRIN MACHT SICH IHR WISSEN BEZAHLT

Ruben Loest

"Einführung in die Integralrechnung" - Mathematik-Leistungskurs, Klassenstufe 12

GRIN Verlag

Bibliografische Information der Deutschen Nationalbibliothek:

Die Deutsche Bibliothek verzeichnet diese Publikation in der Deutschen National-
bibliografie; detaillierte bibliografische Daten sind im Internet über http://dnb.d-
nb.de/ abrufbar.

Impressum:

Copyright © 2009 GRIN Verlag, Open Publishing GmbH
Druck und Bindung: Books on Demand GmbH, Norderstedt Germany
ISBN: 978-3-640-75235-5

Dieses Buch bei GRIN:

http://www.grin.com/de/e-book/160319/einfuehrung-in-die-integralrechnung-
mathematik-leistungskurs-klassenstufe

GRIN - Your knowledge has value

Der GRIN Verlag publiziert seit 1998 wissenschaftliche Arbeiten von Studenten, Hochschullehrern und anderen Akademikern als eBook und gedrucktes Buch. Die Verlagswebsite www.grin.com ist die ideale Plattform zur Veröffentlichung von Hausarbeiten, Abschlussarbeiten, wissenschaftlichen Aufsätzen, Dissertationen und Fachbüchern.

Besuchen Sie uns im Internet:

http://www.grin.com/

http://www.facebook.com/grincom

http://www.twitter.com/grin_com

Inhaltsverzeichnis

1. Der didaktische Ansatz

Der didaktische Ansatz, auf dem meine Unterrichtsplanung basiert, ist die lernzielorientierte Didaktik. Dieser Ansatz ist der curricularen Didaktik zuzuordnen: In einem Plan, dem Curriculum, werden Lernziele, Lernorganisation und Lernkontrolle formuliert.

Folgende Annahmen werden dabei vorausgesetzt: Die Lernziele haben eine herausgehobene Bedeutung und die Erstellung dieser Ziele ist ein Prozess, der von dem Curriculumentwickler selbst durchgeführt werden muss und nicht von einer anderen Person übernommen werden kann.[1] Weiterhin müssen diese Ziele sowohl das Verhalten des Lernenden, als auch den Inhalt, an dem das Verhalten gezeigt werden soll, beschreiben. Die Wirkung des Lernens wird dann letztlich anhand der gesetzten Ziele überprüft.

Der lernzielorientierte Ansatz ist präskriptiv, beinhaltet folglich genaue Anweisungen für die Planung, Durchführung und Analyse von Unterricht.[2] Die Planung von Unterricht und somit die Entwicklung eines Curriculums lässt sich in folgende Schritte gliedern:

1. Lernplanung: Erstellung der Lernziele, die das „Lern-Soll-Verhalten" beschreiben.
2. Lernorganisation: Auswählen von Lernstrategien und Methoden, mit denen die Ziele erreicht werden sollen.
3. Lernkontrolle: Konstruktion von Kontrollverfahren, mit denen das „Lern-Ist-Verhalten" überprüft wird, also ob die Lernziele erreicht wurden und die eingesetzten Methoden sinnvoll waren.[3]

Im Folgenden werde ich auf diese drei Punkte genauer eingehen. Am Anfang der Lernplanung steht die Sammlung von Lernzielen. Anhand des Lehrplanes können diese grob festgelegt werden und z.B. anhand von Texten, Lernsystemen, Lehrpersonen und Eltern ergänzt werden, mit dem Hintergrundgedanken sie nicht alle in das Curriculum aufzunehmen.[4] Anschließend erfolgt die explizite und eindeutige Beschreibung der Lernziele nach Inhalts- und Verhaltensteil. Das bedeutet eine klare Formulierung der Zielvorstellungen, die den Lernenden mitgeteilt wird und die sowohl die Endverhaltensbeschreibung, den situativen Rahmen als auch den Beurteilungsmaßstab des Verhalts beinhalten.[5] Danach erfolgt die Ordnung der

---

[1] Vgl. Möller, 1987, 63.
[2] Vgl. ebd., 64.
[3] Vgl. ebd., 65.
[4] Vgl. ebd., 66.
[5] Vgl. Möller, 1987, 66-67.

Lernziele nach einem bestimmten Schema, z.B. nach dem Verhaltens- oder Inhaltsaspekt.[6] Abschließend müssen aus der geordneten Liste der präzise beschriebenen Lernziele die ausgewählt werden, die verwirklicht werden sollen.[7]

Daran schließt sich die Lernorganisation an, an deren Anfang die Beschreibung der Unterrichtsmethoden steht. Bei diesem Prozess müssen die möglichen Methoden, die dem Erreichen der Lernziele dienen könnten, explizit formuliert werden. An diese Beschreibung knüpft die Ordnung der Unterrichtsmethoden, die nach vielen Schemata erfolgen kann. Auch hier ist der Inhalts- und Verhaltensaspekt ein mögliches Merkmal, um eine Ordnung herzustellen. Darüber hinaus können Schüler- und Lehrermerkmale hinzugenommen werden, wodurch sich eine mehrdimensionale Methodenordnung ergeben würde. Wie bei der Lernorganisation schließt diese Phase mit der Entscheidung für bestimmte Unterrichtsmethoden. Dabei sollten zum einen die Lernziele im Vordergrund stehen, da gewisse Methoden besonders gut mit bestimmten Zielen vereinbar sind und auf der anderen Seite die Lernenden, da durch eine genaue Abstimmung der Vorkenntnisse, Fähigkeiten und Art des Lernens hinsichtlich der Methoden, die Unterrichtsziele besser erreicht werden können.[8]

Den Abschluss bildet die Lernkontrolle, bei der mit bestimmten Kontrollverfahren überprüft wird, ob die Lernenden die anfangs aufgestellten Lernziele erreicht haben. Bei der Aufgabenerstellung für mögliche Testate sollten folglich die geordneten Ziele die Grundlage bilden.[9]

Zusammenfassend kann man sagen, dass bei der curricularen Didaktik die Lernziele den Ausgangspunkt des gesamten Prozesses der Planung, Durchführung und Analyse des Unterrichts bilden und das Kriterium für die Wirkung bzw. den Erfolg sind.

2. Bedingungsanalyse

Vor dem Hintergrund der fiktiven Unterrichtsplanung werde ich eine fiktive Zusammenstellung der Klasse durchführen.

Da sich der Unterrichtsentwurf auf einen Mathematik Leistungskurs der zwölften Klasse eines Gymnasiums bezieht, kann grundsätzlich von einem leistungsstarken und interessierten Kurs ausgegangen werden. Aufgrund des Wahlsystems in der Oberstufe kam es allerdings dazu, dass vier von den 18 Schülern den Leistungskurs belegen mussten, obwohl sie eigent-

---

[6] Vgl. ebd., 67-68.
[7] Vgl. ebd., 70.
[8] Vgl. ebd., 71-73.
[9] Vgl. ebd., 73.

lich den Grundkurs belegen wollten. Bei diesen vier Schülern gehe ich davon aus, dass sie etwas schwächer sind als die anderen, aber mit ausreichendem Lernaufwand in der Lage sein müssten, gute Leistungen zu erreichen. Trotzdem müssen diese vor dem Hintergrund der lernzielorientierten Didaktik besonders beachtet werden, da im Blick auf sie eventuell bestimmte Methoden angewandt werden müssen, damit auch sie die gesetzten Lernziele erreichen. Insgesamt gehe ich von einem engagierten und motivierten Leistungskurs aus.

Das soziale Umfeld der SuS ist ähnlich. Sie stammen aus der Mittelschicht und es sind keine Schüler mit Migrationshintergrund vertreten.

Bei einer realen Klasse könnte man eine genauere und differenziertere Beschreibung und Analyse der einzelnen SuS vornehmen, die ich aufgrund des fiktiven Kurses nicht machen kann, da dadurch der Realitätsbezug verloren ginge.

3. Didaktische Analyse

3.1 Verortung der Unterrichtsstunde

3.1.1 Verortung im Unterrichtsverlauf der Lerngruppe

Die Unterrichtsstunde ist eine Einführungsstunde zum Thema „Integralrechnung". In der ersten Hälfte des ersten Schulhalbjahres der zwölften Klasse haben die SuS die Differentialrechnung anhand von Kurvendiskussionen wiederholt und ihr Wissen in diesem Bereich erweitert. Die SuS haben gelernt, Funktionen mit mehreren Summanden abzuleiten und die Produkt-, Quotienten- und Kettenregel anzuwenden. Weiterhin ist ihnen bekannt, dass die erste Ableitung die Steigung einer Tangenten im Punkt $(x_0, f(x_0))$ angibt und wie man mittels dieser Ableitung auf die Maxima und Minima einer Funktion schließt. Außerdem verfügen sie über die Kenntnis, dass die zweite Ableitung das Krümmungsverhalten einer Funktion beschreibt und wie man mithilfe dieser Ableitung die Wendepunkte bestimmt. Schließlich sind die SuS in der Lage, von der grafischen Darstellung einer Funktion, auf die graphische Darstellung der Ableitung zu schließen. Mit Hilfe dieser Kenntnisse ist es den SuS möglich, den Prozess des Zeichnens der Ableitung umzukehren und die zugehörige Stammfunktion zu zeichnen, die ihnen unter dem Namen Stammfunktion allerdings noch nicht bekannt ist. Eng verwandt mit der Differentialrechnung, bei der die SuS lokale Veränderungen von Funktionen berechnet haben, ist die Integralrechnung. Aus diesem Grund setzte ich die Einführung dieses Themas an diese Stelle des Unterrichtsverlaufs. In der jetzigen Thematik sollen die SuS lernen, den

Vorgang des Differenzierens umzukehren und Funktionen zu integrieren. Nachdem die Flächenberechnung, durch Integration, gelehrt wurde, folgt der Zusammenhang zwischen Integrierbarkeit und Differenzierbarkeit und wie man zeichnerisch von einer Funktion auf ihre Stammfunktion schließt. Im weiteren Verlauf der Unterrichtseinheit über Integrale werden sie ein Verfahren zur numerischen Integration, Beziehung zwischen Ableitungs- und Integrationsregeln, bestimmte Integrale und ihre Eigenschaften, den Hauptsatz der Integralrechnung und unbestimmte Integrale kennen lernen.

Meine Unterrichtsstunde soll als Einführungsstunde der Integralrechnung dienen, in der die Herleitung des Integrals über Änderungseffekte erfolgt und den SuS somit den Praxisbezug des Integrals verdeutlicht. Mittels einer praxisbezogenen Aufgabe sollen sie sich den Begriff des Integrals erarbeiten.

3.1.2 Verortung im Lehrplan

Das Thema „Integralrechnung" ist in dem Lehrplan für die Jahrgangsstufen zwölf bzw. dreizehn vorgesehen.[10]

Eine mögliche Sequenz, die in dem Lehrplan für die Jahrgänge elf bis dreizehn angegeben ist, stellt den Integralbegriff an den Anfang dreizehnten Jahrgangs.[11] Da die Themenzuteilung für den zwölften oder dreizehnten Jahrgang aber nur grob gesetzt ist und der Zeitraum zur Behandlung dieses Themas der Lehrperson in einem gewissen Rahmen frei steht, entscheide ich mich dafür, das Thema in der Mitte des ersten Halbjahres der zwölften Klassenstufe einzuführen. Die Gründe dafür sind zum einen, dass die Integralrechnung eine wichtige Grundlage für den weiteren Verlauf des Unterrichts darstellt und zum anderen, dass diese Thematik nah an der Differentialrechnung liegt, die in den ersten Wochen wiederholt wurde.

Der Integralbegriff wird in dem Lehrplan mit einem möglichen Praxisbezug zur Erdkunde genannt. Dieser Bezug soll den SuS die praktischen Ziele der Integralrechnung deutlich machen und einen Gegenwartsbezug vermitteln. Die zugrunde liegende Frage ist, „wie der Beckeninhalt einer Talsperre gesteuert werden muss, um einerseits in Zeiten anhaltender Trockenheit genügend Wasser abgeben zu können und andererseits in Zeiten von Hochwasser genügend Stauraum zu besitzen"[12].

---

[10] Vgl. Ministerium für Schule und Weiterbildung, Wissenschaft und Forschung, 1999, 51.
[11] Vgl. ebd., 60-62.
[12] Ebd., 51.

Diese Frage werde ich in der Einführungsstunde nicht direkt übernehmen, aber die grundsätzliche Idee, die damit verbunden ist, bleibt in der Aufgabe, die den Kern der Stunde bildet, erhalten.

Nach der Herleitung des Integralbegriffes über Änderungseffekte folgt die numerische Integration.[13]

Im weiteren Verlauf des Schuljahres stehen bestimmte Integrale und ihre Eigenschaften, der Hauptsatz der Integralrechnung und unbestimmte Integrale auf dem Lehrplan.[14]

3.2 Begründung und Eingrenzung des Themas

3.2.1 Begründung

Da das Thema der Integralrechnung von vielen Seiten her begonnen werden kann, wähle ich die Eingrenzung des Themas so, wie sie im Lehrplan beschrieben ist. Ich übernehme den Praxisbezug zur Erdkunde bzw. zur Technik. Dieser Bezug bildet den Ausgangspunkt für die inhaltliche Begründung des Themas. Die Begründung für den didaktischen Ansatz wird in der späteren didaktischen Reflexion deutlich. Mithilfe der Integralrechnung lassen sich kontinuierliche und dynamische Prozesse, die in der Natur oder Technik ablaufen, auf mathematischem Wege präzise beschreiben und berechnen. Mit einem solchen Problem werde ich die Einführungsstunde beginnen, da die Herleitung über Änderungseffekte verlaufen soll. Wobei bis zu diesem Zeitpunkt im Unterrichtsverlauf mit Hilfe der Ableitung die momentane Änderungsrate einer Größe bestimmt wurde, wird bei der Integralrechnung dieses Problem umgekehrt und von der momentanen Änderungsrate einer Größe auf die Gesamtänderung der Größe geschlossen. Deshalb ist es sinnvoll, die Stunde direkt im Anschluss an die Differentialrechnung anschließen zu lassen. Der Praxisbezug in der Einführungsstunde erfolgt an dem Beispiel einer Ölpipeline. An einer Messstelle einer solchen Pipeline wird die momentane Durchflussmenge gemessen. Nun liegt das Problem darin, zu bestimmen, wie viel Erdöl in einem bestimmten Zeitraum durch das Rohr geflossen ist. Weitere Beispiele, an denen die SuS die Integralrechnung verwenden könnten, wären z.B. der Schadstoffausstoß von Autos oder Flugzeugen pro Zeiteinheit oder Geschwindigkeit-Zeit Abhängigkeiten bei der Berechnung einer Strecke. Besonders die Bestimmung von Schadstoffmengen ist nah an der Lebenswelt der SuS, da sie zum einen gegenwärtig bzw. in naher Zukunft selbst daran beteiligt sind, in dem sie mit dem Autofahren beginnen. Zum anderen können sie Erkenntnisse darüber

---

[13] Vgl. ebd., 51.
[14] Vgl. ebd., 19.

gewinnen, wie hoch die Mengen in Deutschland und Europa bzw. auch in anderen Ländern und Kontinenten sind. Hiermit ist die Begründung des Themas im Bezug auf die Praxis und die Gegenwart gegeben

Weiterhin legt das Integral eine wichtige theoretische Grundlage in der Mathematik. Dabei sind die Kernpunkte die Berechnung von Flächeninhalten, besonders von Flächen unter nicht linearen Funktionen, von Rotationskörpern und die Längen von Kurven. Darüberhinaus bietet das Integrieren den SuS nun die Möglichkeit bei der Infinitesimalrechnung in weitere Bereiche vorzudringen.

3.2.2 Sachanalyse

Das Integral bildet zusammen mit der Differentiation das wichtigste Gebiet in der Analysis. Im Folgenden werde ich zuerst die Berechnung des Integrals für Treppenfunktionen und anschließend die Berechnung des Integrals von allgemeinen Funktionen mittels einer Annäherung durch Treppenfunktionen darstellen.

Seien $a, b \in \mathbb{R}$ mit $a < b$. Dann heißt eine Funktion $\varphi : [a, b] \to \mathbb{R}$ eine Treppenfunktion, falls es eine Unterteilung $a = x_0 < x_1 < \cdots < x_n = b$ gibt, so dass φ eingeschränkt auf $]x_{k-1}, x_k[$ eine konstante Funktion bildet.

Nun kann das Integral für Treppenfunktionen definiert werden. Sei $\varphi : [a, b] \to \mathbb{R}$, eine Treppenfunktion mit der Unterteilung $a = x_0 < x_1 < \cdots < x_n = b$ und sei φ eingeschränkt auf $]x_{k-1}, x_k[$ für k=1,....,n. So definiert man:

$\int_a^b \varphi(\text{x})\text{dx} := \sum_{k=1}^n c_k(x_k - \text{x}_{k-1})$. Das Integral stellt folglich den Flächeninhalt zwischen der Funktion und der x-Achse dar.[15]

Nun kann man mithilfe des Integrals für Treppenfunktionen, das Integral von allgemeinen beschränkten Funktionen wie folgt definieren. Hierbei sei $f : [a, b] \to \mathbb{R}$ eine beliebige beschränkte Funktion und T[a,b] die Menge aller Treppenfunk-tionen. Nun gilt für das Oberintegral:

$\int_a^{*b} f(x)dx := \inf\{\int_a^b \varphi(x)dx : \varphi \epsilon \text{ T}[a, b], \varphi \geq f\}$.

Dieses ist folglich das Infimum des Integrals der Treppenfunktionen, deren Funktionswerte größer oder gleich der Funktionswerte von f sind.

Für das Unterintegral gilt:

---

[15] Vgl. Forster, 2008, 188-189.

$\int_{\underline{a}}^{b} f(x)dx := \sup\{\int_{a}^{b} \varphi(x)dx : \varphi \in \text{T}[a,b], \varphi \leq f\}$.

Dieses ist das Supremum des Integrals der Treppenfunktionen, deren Funktionswerte kleiner oder gleich der Funktionswerte von f sind.

Ein Funktion $f: [a,b] \rightarrow \mathbb{R}$ heißt Riemann integrierbar bzw. integrierbar, wenn:

$\int_{\underline{a}}^{b} f(x)dx = \int_{a}^{\overline{b}} f(x)dx$. In diesem Fall gilt dann für das Integral:

$\int_{a}^{b} f(x)dx = \int_{a}^{\overline{b}} f(x)dx$.[16]

Konkret bestimmten lässt sich das Integral über Riemannsche Summen:

Hierfür sei $f: [a,b] \rightarrow \mathbb{R}$ eine Funktion, $a = x_0 < x_1 < \cdots < x_n = b$ eine Unterteilung von [a,b] und ξ_k ein beliebiger Punkt, der als Stüzstelle bezeichnet wird, aus dem Intervall $[x_{k-1}, x_k]$.

$Z := ((x_k)_{0 \leq k \leq n}, (\xi_k)_{1 \leq k \leq n})$ bezeichnet die Zusammenfassung der Teilpunkte und der Stütz-stellen. Dann heißt

$S(Z,f) := \sum_{k=1}^{n} f(\xi_k)(x_k - x_{k-1})$ die Riemannsche Summe der Funktion f bzgl. Z. Weiter kann man die Feinheit von Z definieren als $\mu(Z) := \max(x_k - x_{k-1})$ mit $1 \leq k \leq n$. Damit ergibt sich das Integral wie folgt: $\lim_{\mu(Z) \to 0} S(Z,f) = \int_{a}^{b} f(x)dx$.[17]

Dieses sind die Grundlagen für die Integralrechnung und werden in vereinfachter Form einge-führt. Bei der Aufgabe, welche die Schüler bearbeiten, geht es um das Integral der Funktion x^2 in einem festgelegten Bereich [a,b]. Die Herangehensweise ähnelt der über Treppenfunkti-onen. Es werden Ober- und Untersummen gebildet, also regelmäßige Treppenfunktionen. Dass heisst, es wird eine Unterteilung des Intervalls in n Teilintervalle gemacht und der Flä-cheninhalt der Recht-ecke addiert. Die Anzahl der Teilintervalle wird zunächst festgelegt und durch Addition der Flächeninhalte der Rechtecke wird näherungsweise das Integral bestimmt. Anschließend wird die gleiche Berechnung eine Unterteilung in n Teilintervalle durchgeführt. Bei der berechneten Forme, die abhängig von n ist muss jetzt der Grenzwert mit n geht gegen unendlich gebildet werden, was das Analogon zu dem Grenzwert der Feinheit gegen Null darstellt.

---

[16] Vgl. Forster, 2008, 191.
[17] Vgl. ebd., 197-198.

3.3 Die didaktische Reflexion

Da meine Stunde eine Einführung in die Integralrechnung ist und die Herleitung des Integrals behandelt wird, sollen die Schüler verstehen, wie das Integral, bzw. der Flächeninhalt unter linearen und besonders unter nichtlinearen Funktionen berechnet werden kann. Hierbei steht nicht im Mittelpunkt, den SuS die Formel zur Berechnung des Integrals zu erklären, sodass sie nur noch die Werte einsetzten müssen. Ihnen soll in dieser Stunde das grundsätzliche Verständnis über den Integralbegriff vermittelt werden.

Anhand einer praxisbezogenen Aufgabe, mithilfe welcher die SuS das Integral herleiten sollen, wird ihnen vermittelt, dass sie mit dem Integral von der momentanen Änderungsrate auf die Gesamtänderung einer Größe schießen können. Dieser Bezug soll ihnen den Zusammenhang zwischen dem Ableiten und dem Integrieren deutlich machen.

Die SuS sollen sich die Berechnung des Flächeninhaltes unter einer nichtlinearen Funktion mithilfe der Aufgabe selber erarbeiten, da sie bei diesem Prozess selber verstehen und sich überlegen müssen, mit welchen Vorkenntnissen sie diese Aufgabe bewältigen können und welche Überlegungen zur Formel für das Integral führen.

Um dieses umzusetzen, bietet sich die lernzielorientierte Didaktik an. Dafür gibt es drei Gründe, auf die ich im Folgenden eingehen werde.

Diese Stunde dient nicht als Wiederholungs- oder Übungsstunde, sondern als Einführung in eine neue Thematik, weshalb die SuS keine Kenntnisse und Methoden besitzen, mit denen sie bestimmte Aufgaben lösen können. Das bedeutet, dass sie sich diese erarbeiten müssen und anzuwenden lernen, um weiterführende Aufgaben schnell zu erledigen. Aufgrund dieser Tatsache halte ich es für wichtig, dass der Unterricht dieser Stunde zielgerichtet geplant und auch auf diese Weise realisiert werden kann, welches bei der lernzielorientierten Didaktik gegeben ist.[18] Verlieren die SuS schon zu Beginn eines neuen Themas den Überblick, führt es wahrscheinlich dazu, dass sie auch den darauf aufbauenden Inhalt nicht verstehen.

Deshalb ist es weiterhin wichtig, dass ich den Unterrichtserfolg kontrollieren kann, indem ich meine vorausgesetzten Ziele mit dem Unterrichtsgeschehen abgleiche.[19] Sehe ich durch das von mir gesetzte Kontrollverfahren, dass ein Teil der SuS bestimmte Lernziele nicht erreicht hat, so kann ich in der nächsten Stunde genauer auf die Problematik eingehen und somit nicht verstandene Sachverhalte klären. Außerdem ist es wichtig, dass die SuS besonders in dieser Stunde die gesetzten Lernziele erreichen, da sie auf der einen Seite die Grundlagen eines neu-

---

[18] Vgl. Peterßen, 1974, 39.
[19] Vgl. Peterßen, 1974, 41.

en Themas vermittelt und die Integralrechnung eines der wichtigsten Themen in der Analysis darstellt.[20] Da mir mit diesem didaktischen Ansatz die Möglichkeit gegeben ist, den Unterricht sehr präzise zu planen, besonders den Lernerfolg in den Blick zu nehmen - wobei natürlich auch bei einer solchen Methode nicht die volle Planbarkeit gegeben ist - bietet er sich besonders für diese Einführungsstunde in die Integralrechnung an.

Besondere Beachtung bei der Verfolgung von Lernzielen gilt den Schülern, die nicht so stark sind. Da die Aufgabe in Gruppen durchgeführt wird, werden die vier etwas schwächeren Schüler auf verschiedene Gruppen aufgeteilt, um so diesen SuS eine höhere Chance auf einen Lernerfolg zu geben.

Schließlich habe ich als Lehrperson durch die lernzielorientierte Didaktik die Möglichkeit, meine Arbeit zu überprüfen und zu korrigieren.[21] Wurden nicht alle Ziele erreicht, kann ich mögliche Fehler finden und beim nächsten Mal verhindern.

Die Lernplanung, die die Lernziele beinhaltet, wird in dem nächsten Abschnitt beschrieben. Die Lernorganisation und die Lernkontrolle, werden in der Verlaufsplanung genannt.

3.4 Stundenziele

Da der zugrunde liegende didaktische Ansatz lernzielorientiert ist, werde ich meine Stundenziele bzw. Lernziele zunächst grob darstellen und anschließend verfeinern.

Inhaltlich liegt die grobe Zielsetzung darin, den SuS den Begriff des Integrals und damit die Berechnung von Flächen unter Funktionen zu vermitteln. Das Ziel im Bezug auf methodischen Kompetenzerwerb ist, mittels der eigenständigen Herleitung des Flächeninhaltes, welche über das triviale Einsetzen in Formeln hinausgeht, mathematisches Verständnis zu entwickeln und zu erkennen, was der Hintergrund der Berechnung des Integrals ist.

Verfeinert ergeben sich folgende Lernziele.

1. Die SuS sollen verstehen, dass die Fläche unter einer Funktion, die eine momentane Änderungsrate angibt, die Gesamtänderung einer Größe darstellt.

2. Die SuS sollen lernen diesen Flächeninhalt näherungsweise zu bestimmen.

    2.1 Näherungsweise Bestimmung des Flächeninhalts für eine feste, relativ grobe Unterteilung.

    2.2 Entwicklung einer Methode, mit der sie in der Lage sind den Flächeninhalt immer weiter zu approximieren.

---

[20] Vgl. Forster, 2008, 188.
[21] Vgl. Peterßen, 1974, 43.

3. Exakte Berechnung des Flächeninhaltes.

    3.1 Die SuS lernen die Summenformel für quadratische Zahlenfolgen.

    3.2 Die SuS berechnen unter Verwendung der Summenformel den exakten Flächeninhalt. Die Sicherung dieses Zieles wird erst in der darauffolgenden Stunde erfolgen.

Diese Ziele, die grundlegende Erkenntnisse der Integralrechnung darstellen, verdeutlichen an dieser Stelle noch einmal, dass sich für diese Stunde die lernzielorientierte Didaktik anbietet.

4. Verlaufsplanung

Zeit bis … Min	Unterrichts- phase	Lehrerinteraktion / Lehrerin- tervention Methode in Bezug auf Kompetenzerwerb	Schüleräußerung/ Schülertätigkeit (Einzelne/Klasse)	Metho- disch- didakti- scher Kommentar
1	Begrüßung	Begrüßung	Sachen auspacken etc.	---
4	Stummer Impuls / Einführung in das	Folie 1 auflegen – Warten auf Meldungen	Kommentare zu der Folie, Beschreibung	Anregung des Schülerin- teresses
7	Thema	Frage: Wie viel Öl floss zwischen 13 Uhr und 15 Uhr durch die Pipeline? Wie veranschaulicht man dieses am Graphen?	Äußerungen zur Fragestellung. Anmalen der Fläche.	Schüler zur Mitarbeit bewegen
1. Lernziel: Die SuS sollen verstehen, dass die Fläche unter einer Funktion, die eine momentane Änderungsrate angibt, die Gesamtänderung einer Größe darstellt, ist erreicht. Die Sicherung erfolgt durch das Arbeitsblatt.				
10	Einführung in das Problem der Thematik	Auflegen von Folie 2. Frage: Wie viel Öl floss zwischen 15 Uhr und 17 Uhr durch die Pipeline?	Erste Lösungsvorschläge	Schüler zum Mitdenken anregen
22	Einteilung in Gruppen (4,4,5,5)	SuS bekommen Arbeitsblatt und sollen Aufgabe B) in den Gruppen erarbeiten.	Erarbeiten der Aufgabe	Mathematisches Verständnis zur Thematik aufbauen
32	Bespre- chung	Moderiert die Besprechung. (Ergänzt die Musterlösung)	Eine Gruppe stellt die Lösung vor. Bei anderen Lösungsvorschlägen die jeweilige andere Gruppe.	Sicherung des Wissens für die gesamte Klasse
2.1 Lernziel: Näherungsweise Bestimmung des Flächeninhalts für eine feste, relativ gro-				

be Unterteilung, ist erreicht.

2.2 Lernziel: Entwicklung einer Methode, mit der sie in der Lage sind den Flächeninhalt immer weiter zu approximieren, ist erreicht.

Sicherung durch Tafelanschrieb.

34	Vermittlung des Lernin- halts	Einführung der Summenfor- mel	Übertragen der Sum- menformel ins Heft.	Vermitt- lung des Lerninhalts

3.1 Lernziel: Die SuS lernen die Summenformel für quadratische Zahlenfolgen, ist hiermit erreicht.

36		Anleitung zur Erarbeitung des exakten Flächeninhalts. Den Ansatz in der Gruppe und den Rest als Hausaufgabe. (In der nächsten Stunde Sicherung dieses Inhalts)	Aufnahme des Lernin- halts	SuS eine Anleitung geben, da- mit sie wis- sen, wie sie an die Auf- gabe heran- gehen sol- len.
45	Gruppen -arbeit	SuS sollen nun den exakten Flächeninhalt bestimmen.	Erarbeiten des exakten Flächeninhaltes.	Mathemati- sches Ver- ständnis zur Thematik aufbauen

3.2 Lernziel: Die SuS berechnen unter Verwendung der Summenformel den exakten Flächeninhalt ist nun teilweise erreicht, bzw. wird zu Hause vervollständigt. Damit es auf jeden Fall erreicht wird, erfolgt in der nächsten Stunde die Sicherung an der Tafel. Die Kontrolle des Lernerfolgs erfolgt durch die Hausaufgabe der nächsten Stunde, in der sie sowohl den näherungsweisen als auch den exakten Flächeninhalt berechnen sollen für die Funktion x^3.

Folie 1

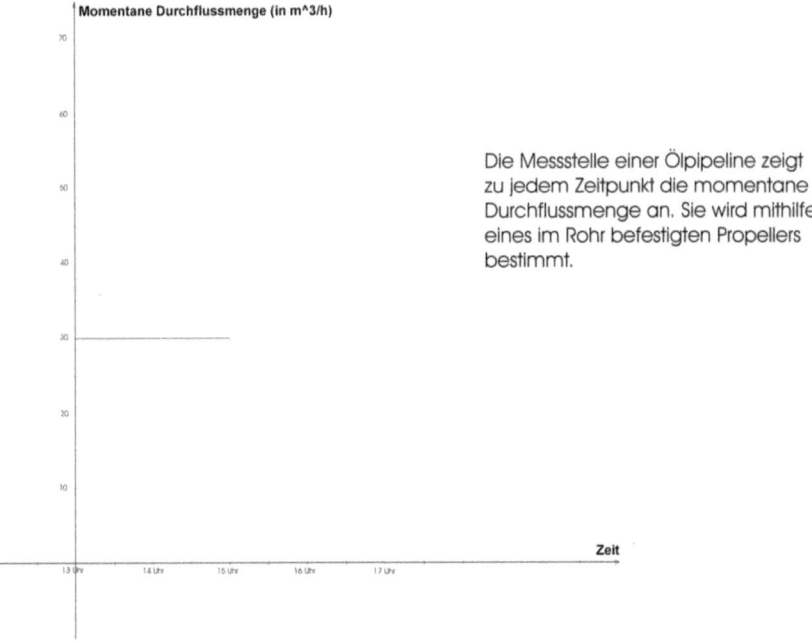

Die Messstelle einer Ölpipeline zeigt zu jedem Zeitpunkt die momentane Durchflussmenge an. Sie wird mithilfe eines im Rohr befestigten Propellers bestimmt.

Folie 2

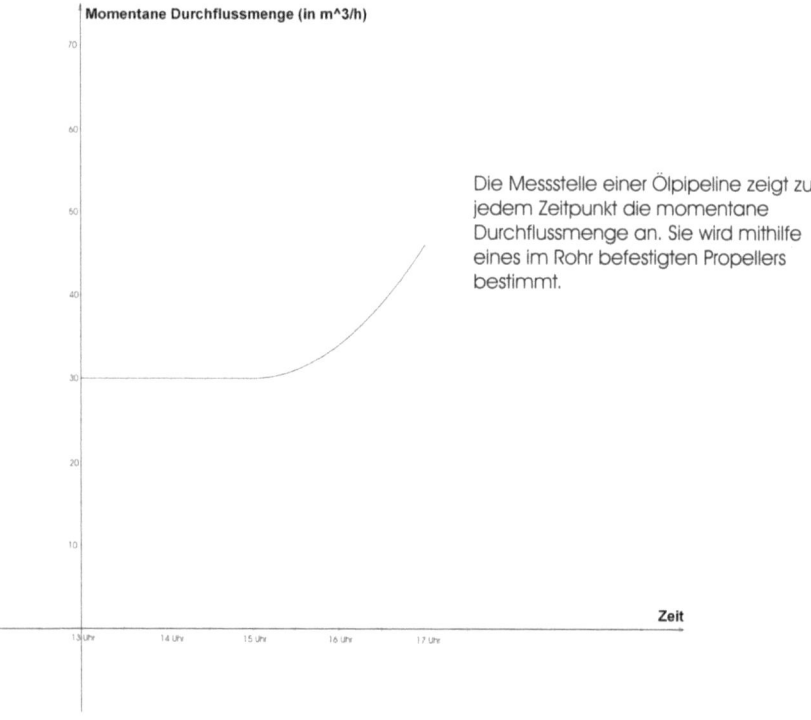

Die Messstelle einer Ölpipeline zeigt zu jedem Zeitpunkt die momentane Durchflussmenge an. Sie wird mithilfe eines im Rohr befestigten Propellers bestimmt.

Arbeitsblatt

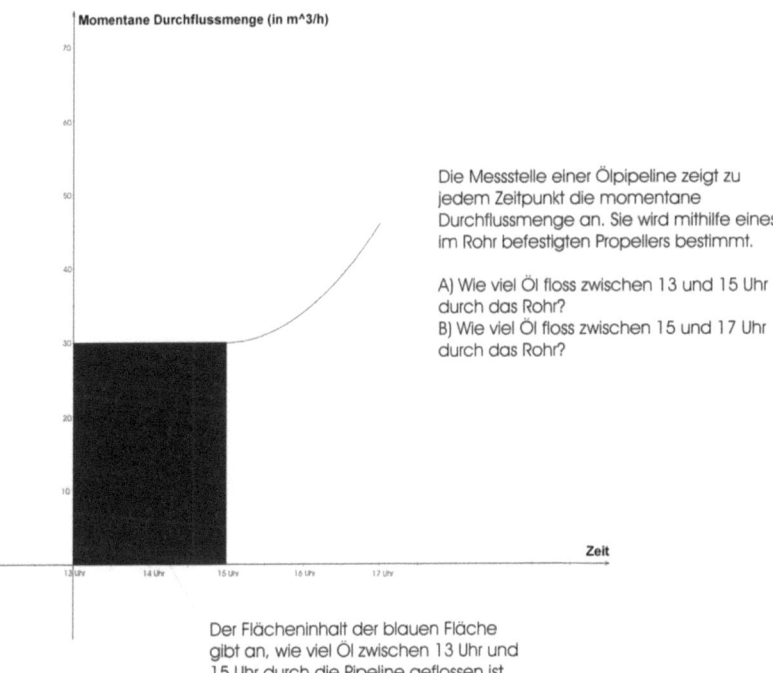

Momentane Durchflussmenge (in m^3/h)

Die Messstelle einer Ölpipeline zeigt zu jedem Zeitpunkt die momentane Durchflussmenge an. Sie wird mithilfe eines im Rohr befestigten Propellers bestimmt.

A) Wie viel Öl floss zwischen 13 und 15 Uhr durch das Rohr?
B) Wie viel Öl floss zwischen 15 und 17 Uhr durch das Rohr?

Zeit

13 Uhr   14 Uhr   15 Uhr   16 Uhr   17 Uhr

Der Flächeninhalt der blauen Fläche gibt an, wie viel Öl zwischen 13 Uhr und 15 Uhr durch die Pipeline geflossen ist.

Tafelbild

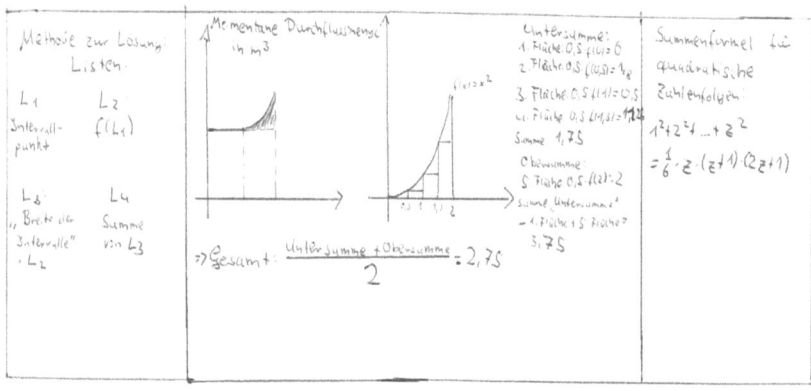

Literaturverzeichnis

Forster, Otto: Analysis 1: Differential- und Integralrechnung einer Veränderlichen, 9. überarbeitete Aufl., Wiesbaden: Friedr. Vieweg & Sohn Verlag, 2008.

Ministerium für Schule und Weiterbildung, Wissenschaft und Forschung des Landes Nordrhein-Westfalen (hg.): Richtlinien und Lehrpläne für die Sekundarstufe 2 – Gymnasium/Gesamtschule in Nordrhein-Westfalen: Mathematik, Frechen: Ritterbach Verlag, 1999.

Möller, Christine: Die curriculare Didaktik, in: Gudjons, Herbert; et alii: Didaktische Theorien, 4. Aufl., Hamburg: Bergmann+Helbig Verlag, 1987, S. 63 – 77.

Peterßen, Wilhelm H.: Grundlagen und Praxis des lernzielorientierten Unterrichts, Ravensburg: Otto Maier Verlag, 1974.